养生素食

张草友　张宝庭　编著

中国纺织出版社有限公司

本书编委会

顾问

王义均　陈连生　王文桥

编委会成员（按姓氏笔画排序）

王　帅　牛金生　刘志刚　苏永胜
张　虎　林中阳　国　帅　胡贺峰
胡桃生　姜　慧　徐佩元　郭晓赓
　　　　樊京鲁

图书在版编目（CIP）数据

养生素食 / 张草友，张宝庭编著 . -- 北京：中国
纺织出版社有限公司，2023.11

ISBN 978-7-5229-1022-2

Ⅰ . ①养… Ⅱ . ①张… ②张… Ⅲ . ①素菜 － 菜谱
Ⅳ . ①TS972.123

中国国家版本馆 CIP 数据核字（2023）第 180229 号

责任编辑：国 帅 闫 婷 责任校对：寇晨晨
责任印制：王艳丽

中国纺织出版社有限公司出版发行
地址：北京市朝阳区百子湾东里 A407 号楼 邮政编码：100124
销售电话：010—67004422 传真：010—87155801
http://www.c-textilep.com
中国纺织出版社天猫旗舰店
官方微博 http://weibo.com/2119887771
北京华联印刷有限公司印刷 各地新华书店经销
2023 年 11 月第 1 版第 1 次印刷
开本：889×1194 1/16 印张：9.5
字数：70 千字 定价：98.00 元
京朝工商广字第 8172 号

凡购本书，如有缺页、倒页、脱页，由本社图书营销中心调换

希望宝庭能傅承张老哥的手艺、带着师兄弟们把张家门儿的东西傅下去。

王義均

2016.4.7.

鲁菜泰斗　国宝级大师　王义均

張氏養生素食

中国书法艺术研究院理事长　林中阳

克紹箕裘梅蘭雙修張武魯菜繼軌衍後
芬開素饌令蘇膝菜寶庄草受探索續稿
猴蘑菇竹鷲養益助充橐結匯總圖冊凝貶
鍥而不舍定能妃律

癸神中秋金生拜賀

中国烹饪大师　牛金生

北京大学李可染艺术研究会会长　徐佩元

序言 PREFACE

养生素食正当时

张宝庭先生新书《养生素食》即将付梓，邀我作一篇序。

中华民族自古讲究"养生"，讲究"食药同源"，"素食"亦是其中一专门烹馔系列。张宝庭先生继承张氏一门，养生素食脱胎于传统鲁菜，技法赓续与调理心得自不必多说，有三点特为浅见。

一为入时。借助科技的高速发展，知识的迭代周期越来越短，烹调行业也不例外——新的烹饪技法、新的饮馔食材不断涌现，这就给今天的厨师提出了一个具有挑战性的问题，如何将传统融入现代？例如，过去我们受技术限制，通常将食材直接通过烹饪技法加工；现在有了更好的、更精细的技术，可以通过萃取、分解食材更高效地获得营养成分，达到出味、入味、品味不见味的效果，让食客们于无声处享受到营养均衡带来的益处。希望宝庭先生可以在传统创新、用新、焕新的方向上大胆尝试，为张氏养生素食开一片新天地。

二为入世。今天人们谈起"养生"，年纪大的依赖保健食品胜过食养；年轻的忽略食理，盲目节食、代餐；同时受紧张的社会节奏影响，大家也没有时间和条件去养生。这就为专业的厨师带来了新的机遇，从专业角度为大众群体提供解决方法和实践帮助。例如，编制便捷、易制的养生食谱，制作易于速食的预制养生菜，研发迎合年轻人口味的素食、轻食、零食类预包装产品，让不同需求的社会群体享受到有针对性的养生素食。这里特别希望宝庭先生更多地关注当下的年轻人群，他们生活节奏快、工作压力大、精神紧张、饮食不规律，更需要养生的帮助。这需要大爱和大智慧。

三为入法。目前，传统食养药膳是按照食品行业管理的门类，一定要自觉守法依规从事药膳。国家对食品安全的重视和当代法规的规范，非医师人员在推广药膳时，切记仅用规范的食药物质（即按照传统既是食品又是中药材的物质）入膳，并严格定位于推广食养药膳，不要轻言"食疗"，以免产生不必要的责任风险。而执业医师是完全可以依据中医药理法，辨证开展食疗药膳，以满足患者防治病羔的需要。

宝庭先生出身烹调世家，且父子两代逾百年以上的从业经验，每临席，必嘱以汤品丌味，必询以脾胃寒暖，必谆谆以养生摄食之理。有这样的卓超见识，这样的关爱胸襟，一定会为素食养生注入宝贵的能量，使我们得到良多裨益。在此，我衷心祝愿他的"养生素食"通过中国式现代化和高质量传承创新，可以走进千家万户，帮助到更多的人，从而更好地为建设建成健康中国和实现人民群众对健康美好生活的向往尽一份绵薄之力。

中国药膳研究会会长　杨锐

2023 年 7 月 1 日

目 录  CONTENTS

第一章 凉菜

第二章 热菜

第三章　面点

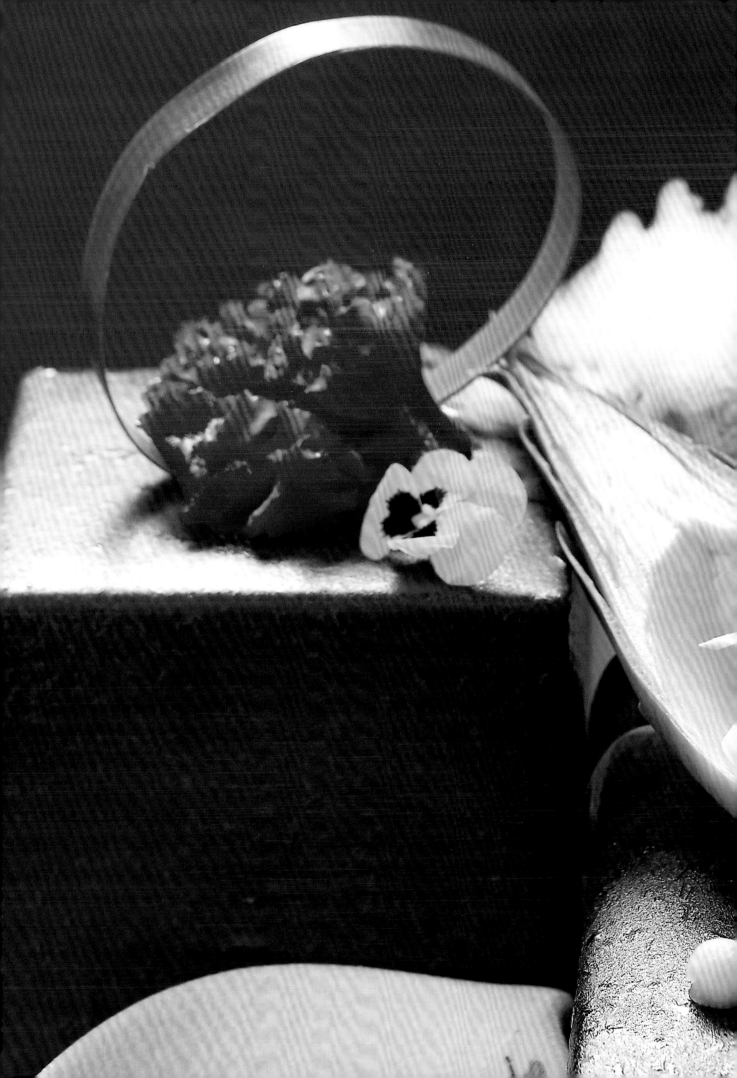

凉菜

缤纷迎宾拼

主料 素三文鱼 20 克

辅料 牛油果 20 克，小甜椒 1 个，核桃仁 1 个，黄节瓜 10 克，线茄 3 克，白火龙果 5 克，芒果 5 克，黄瓜丝 5 克，苏子叶 1 张，自制素株肉冻 1 块

调料 丘比沙拉酱 5 克，蓝莓酱 3 克，黑松露酱 2 克，豉油汁（东古 5 克，美极 3 克，豉油 10 克，蘑菇精 3 克，白糖 6 克，香菜 5 克，水适量），泡椒汁（泡椒 3 克，白糖 10 克，水 200 克，白醋 6 克，蘑菇精 3 克）

做法

1. 将三文鱼斜刀切片，卷成花瓣状备用。

2. 将线茄切段，入油锅炸至熟捞出；将制作豉油汁的所有食材放入水中煮 15 分钟即可，捞出香菜，放凉，放入茄子泡制一夜。

3. 将制作泡椒汁的所有食材煮开放凉；将小甜椒入油锅炸至虎皮，泡水，去皮中间开口，和核桃仁一起放入泡椒水中，泡制一夜，然后将核桃仁酿入甜椒中。

4. 黄节瓜擦细丝，加白醋、白糖、花椒油腌制，然后挤干水分，卷成小卷，点缀黑松露酱。

5. 牛油果去皮切薄片，卷成卷；白火龙果切粒，芒果切粒，加入沙拉酱拌匀，用裱花袋挤入牛油果卷中，一切为二，上面挤蓝莓酱。

6. 将所有食材摆入盘中，放花草点缀即可。

锦囊妙计

主料　荠菜 100 克

辅料　马蹄 10 克，香菜 10 克，越南春卷皮 6 张

调料　蘑菇精 3 克，白糖 1 克，香油 2 克

做法

1. 将荠菜洗净，焯水，挤干水，剁碎，备用。

2. 马蹄剁碎，焯水备用。

3. 将荠菜、马蹄加入调料，拌匀即成荠菜馅料。

4. 将香菜去叶，焯水备用。

5. 春卷皮入开水烫开，将荠菜馅料包入春卷皮中，用香菜茎扎口即可。

糖醋小排

主料 素鸡肉酱 200 克，莲藕 1 根

辅料 话梅 10 颗

调料 红曲米水 15 克，柠檬 0.5 个，白糖 180 克，红醋 80 克

做法

1. 将莲藕切筷子粗条，焯水过凉，拍生粉。

2. 将素鸡肉酱裹在藕条上面，入油锅炸至金黄，备用。

3. 红曲米水加适量清水，放入柠檬、白糖、话梅、红醋，再放入小排，

　　小火煨煮 45 分钟，至汤汁浓稠，红亮。

水晶肴肉

主料　素株肉 50 克

辅料　自制素高汤 200 克，蒟蒻粉 25 克，红尖椒 10 克，绿尖椒 10 克，蘑菇
精 10 克，西米 5 克，老抽 10 克

做法

1. 将素株肉入烤箱烤至金黄，然后装入模具中。

2. 素高汤烧开调味，加入蒟蒻粉，搅匀，倒入素株肉里，放冰箱冷冻 3
   小时即可成型，倒出备用。

3. 将红绿尖椒放火上烧掉外皮，分别剁碎，加入蘑菇精调味。

4. 西米煮熟，加入老抽调成黑鱼子。

5. 将成型的素株肉冻摆在盘中，上面摆放红尖椒碎、黑鱼子、绿尖椒
   碎即可。

炝拌海笋

主料　海笋 200 克

辅料　小米辣 5 克，干辣椒油 10 克

调料　东古 15 克，米醋 10 克，白糖 5 克

做法

　　1. 将海笋提前泡发后改刀。

　　2. 将海笋入锅中煮熟过凉，控干水分。

　　3. 将煮熟的海笋加入所有调料拌匀即可。

养颜峰巢

主料　蜂巢蜜 30 克

辅料　木瓜 35 克，凉瓜 1 根，长面包 15 克

做法

1. 将凉瓜刨薄片，加冰块冰镇。

2. 长面包切长块，入烤箱烤制金黄备用。

3. 将木瓜去皮，切片装盘备用。

4. 将所有料装盘即可。

黑椒烤口蘑

主料　口蘑 500 克

调料　黄油 150 克，生抽 20 克，老抽 10 克，东古 10 克，黑胡椒 25 克

做法

1. 将口蘑去根，然后下入生抽、老抽、东古，腌制。

2. 口蘑入烤箱烤 40 分钟，倒出水分，加黄油、黑胡椒，再烤 20 分钟即可。

3. 将烤好的口蘑一开为二，摆盘即可。

锦绣高山甜笋

主料 绿竹笋 0.5 个

辅料 绣球菌 15 克

调料 自制椒麻酱 10 克，红心火龙果 0.5 个，自制黄豆酱 8 克

做法

1. 将绿竹笋洗净，一切为二，放入汤桶中加入水，开锅放入大米，小火煨 2 小时，捞出冲水，去苦涩味。

2. 将红心火龙果挤汁，泡入绣球菌中，染色。

3. 将笋掏出笋心，笋尖切细丝备用，笋中间部分切片备用，笋底切块备用。

4. 将切块的笋拌入自制椒麻酱中。

5. 将切片的笋填入笋衣中，后面放入笋块，将笋丝放在笋片上，装盘即可。

三文鱼刺身

主料　素三文鱼 1 块

辅料　豉油汁 15 克

做法

1. 将三文鱼切厚片。

2. 将冰块打碎,装入盘中。

3. 将三文鱼摆入盘中呈花朵状即可。

鹅肝坏

原料 素鹅肝 500 克，牛肝菌 200 克

辅料 法棍面包 2 片，车厘子罐头 500 克

橙子皮（橙子皮 50 克，水 100 克，蜂蜜 30 克，白糖 30 克）

无花果（无花果 300 克，白糖 50 克，蜂蜜 20 克）

调料 蘑菇精 3 克，盐 2 克，糖 2 克，黑胡椒粉 1 克，黑醋 500 克，白糖 150 克

做法

1. 无花果泡一晚，切成两瓣。

2. 车厘子罐头用料理机打成汁；锅中放入白糖、蜂蜜、无花果、车厘子汁，小火慢慢熬至黏稠。

3. 法棍面包切成薄片，放入烤盘中淋上橄榄油、黑胡椒碎，烤 3 分钟。

4. 橙子皮切成细丝，锅中加白糖、蜂蜜、水、橙子皮丝，小火慢熬至黏稠。

5. 黑醋中加入适量白糖，用火熬制黏稠放凉备用。

6. 将素鹅肝、牛肝菌放入料理机中，加入橄榄油、蘑菇精、盐、糖、黑胡椒粉，打成泥取出备用。

7. 用不锈钢方盒铺锡纸，把打好的鹅肝酱放入，封住口，用平整的板子压平再放上石头压住，放入烤盘中，烤盘加入少许水，烤箱上下 90 度，烤 4 个小时。

8. 将烤好的鹅肝用勺子挖成橄榄型，装盘，摆入其他食材。

高山流水迎宾拼

干料 素三义鱼 20 克

辅料 白芦笋 1 根，马蹄 5 克，自制素株肉冻 1 块，荠菜 30 克，越南春卷皮 1 张，香菜 1 根，小甜椒 1 个，核桃仁 1 个，黄节瓜 1 片，红尖椒 10 克，香油 5 克，绿尖椒 10 克

调料 制作芥末汁 10 克，蘑菇精 5 克，菌菇汁 5 克，泡椒汁 200 克（泡椒 3 克，白糖 10 克，水 200 克，白醋 6 克，蘑菇精 3 克）

做法

1. 将荠菜去跟，洗净焯水过凉，剁碎，挤干水分，马蹄切米，将马蹄、荠菜搅拌均匀，调味。

2. 盆中加热水，放入香菜梗烫软过凉备用。

3. 将春卷皮入温水中烫软，捞出，放入荠菜馅料，包成石榴包，用香菜梗绑紧，剪去多余的春卷皮、香菜梗，备用。

4. 将三文鱼斜刀切片，卷成花瓣状备用。

5. 将制作泡椒汁的所有食材煮开放凉；将小甜椒入油锅炸至虎皮，泡水，去皮中间开口，和核桃仁一起放入泡椒水中泡制一夜，然后将核桃仁酿入甜椒中，备用。

6. 将白芦笋刨薄片，冰水冰镇备用。

7. 黄节瓜刨薄片，卷起，冰水冰镇备用。

8. 将所有食材摆入盘中，放花草点缀即可。

养生双蒸菜

主料　胡萝卜1根，茼蒿200克

辅料　香菜10克，花椒5克，大料3克，香芹20克，姜20克，胡萝卜50克

调料　东古15克，豉油10克，素蚝油5克，美极3克，白糖3克，蘑菇精5克

做法

1. 将胡萝卜洗净擦细丝，拌澄面裹匀，入蒸箱3分钟，抖散备用。

2. 将茼蒿洗净，拌澄面，入蒸箱蒸3分钟，抖散备用。

3. 锅中加入水，下入调料、辅料，熬制香浓，过掉渣滓即可，成豉油汁。

4. 两种蒸菜和豉油汁同时上桌即可。

时鲜水果

主料　香橙 0.5 个

辅料　阳光玫瑰 1 个，红心火龙果 10 克，白心火龙果 10 克，哈密瓜 5 克，
龟背叶 1 张

做法

1. 香橙掏出果肉，一切为四，再酿入橙皮中。

2. 红白火龙果切四方块，哈密瓜切块，阳光玫瑰去蒂。

3. 将切好的水果摆在橙子上即可。

樱桃鹅肝

主料　素鹅肝 1 袋

辅料　红菜头 15 克，琼脂 2 克，海藻胶 2 克，麦芽糖 2 克，苹果醋 3 克，黑椒碎 2 克

做法

1. 用料理机把素鹅肝打碎，放入泡好的琼脂、黑椒碎，调好味，蒸制 40 分钟备用。

2. 红菜头去皮切片，放入料理机加水打碎，过滤取汁。

3. 红菜头汁加入海藻胶融化加味。

4. 素鹅肝入球形模具冷冻定型后沾红菜头汁即可。

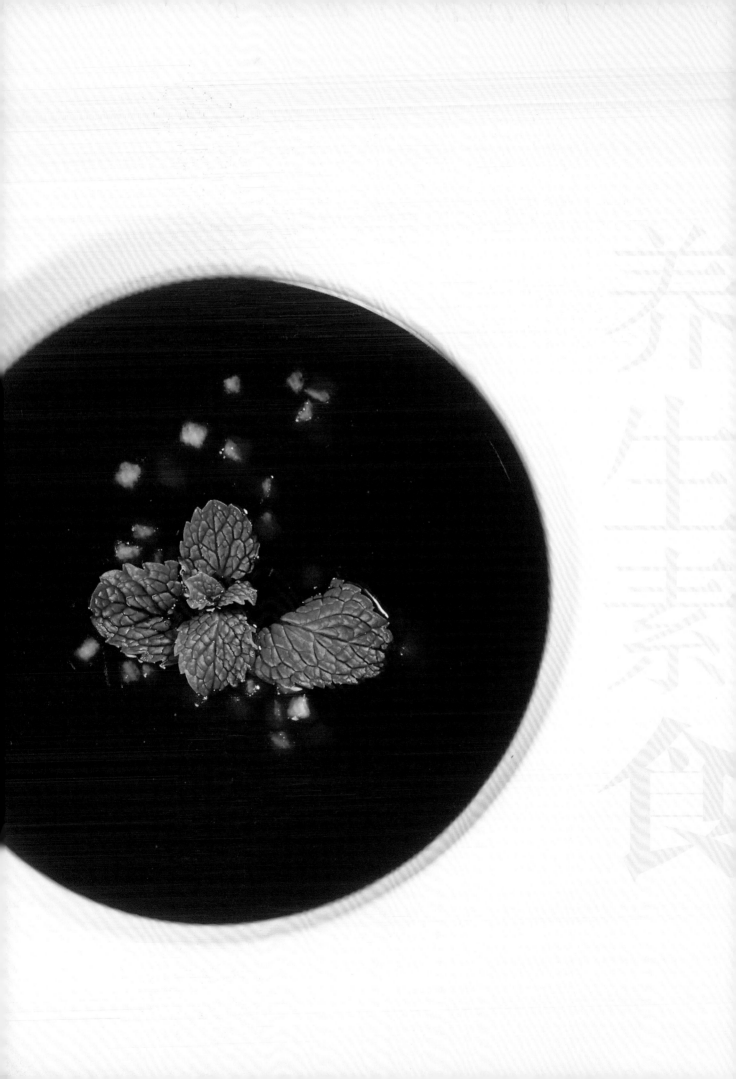

第二章

热菜

春天的味道

主料 北豆腐 1 盒，香椿苗 20 克

辅料 金针菇 100 克，小米椒 10 克，生姜 3 克

调料 菌菇汁 10 克，酱油 5 克，香油 3 克，白糖 2 克

做法

1. 金针菇切段，小米椒切片，生姜洗净切成姜米。

2. 锅内下入自制红油，放入姜米炒香，下入金针菇、小米椒小火熬制成酱。

3. 将北豆腐用刀轻轻地碾成小碎块，过油、汆水备用。

4. 锅内下入炒好的金针菇酱，炒香下入处理好的北豆腐碎，加入调味料炒香后放入洗净的香椿苗炒匀出锅即可。

橄榄油养生豆瓣酥

主料　新鲜去皮蚕豆瓣 280 克

辅料　芒果 5 克，红黄彩椒 5 克

调料　橄榄油 5 克，食用盐 2 克，白糖 3 克

做法

1. 分别将芒果、红黄彩椒洗净去皮切粒备用。

2. 将新鲜去皮蚕豆瓣汆水至熟，放入料理机打成泥备用。

3. 锅内放入橄榄油加热，放入蚕豆泥炒香，放入调味料，炒至干香出锅，装盘点缀彩椒粒和芒果粒即可。

翡翠鲍菇卷

主料　杏鲍菇 8 片，秋葵干 15 克

调料　自制红烧汁 10 克

做法

1. 杏鲍菇修成长方体，然后用刀切成薄片，将薄片杏鲍菇拍生粉卷成卷，
   用牙签封口。

2. 秋葵干放入料理机打成细粉，备用。

3. 锅内下入色拉油，将杏鲍菇卷炸定型后抽出牙签，再次复炸至表皮酥
   脆，备用。

4. 锅内炒香红烧汁，将炸好的杏鲍菇卷均匀地裹上红烧汁，盛出装盘。

5. 将杏鲍菇卷一半裹上秋葵粉，另一半不裹，然后有序地摆在盘子上
   即可。

佛跳墙

主料 海参菌 3 克，鲜黄耳 2 片，羊肚菌 1 个，杏鲍菇 10 克，鹌鹑蛋 1 个

辅料 山药 6 克，油菜心 1 个，枸杞若干粒，西蓝花 2 朵

调料 蘑菇精 10 克，菌汁 6 克，味粉 3 克，南瓜泥 10 克，面粉 5 克，花生油 3 克，白糖 3 克，姜 3 克，素蚝油 5 克

做法

1. 羊肚菌、海参菌提前泡发，加姜、素蚝油放入蒸箱蒸透。

2. 杏鲍菇过油炸干黄，放卤水卤至微软。

3. 将鹌鹑蛋煮熟，去皮，入油锅炸至金黄，起虎皮。

4. 将蒸好的海参菌切片；鲜黄耳切小朵；杏鲍菇切片；西蓝花切小朵；山药切拇指大菱形块；羊肚菌洗净去根；油菜去叶留心；枸杞凉水泡发；鸡蛋炒老，冲浓汤。

5. 锅中下花生油，下入面粉炒香，下入蛋汤、少许清水，烧开调味，加南瓜泥调金黄色。

6. 将鲜黄耳焯水，加调好的底汤略煨一下，将所有主料辅料焯水，下入底汤略煨即可。

7. 走菜时将所有料倒在漏勺里，漏去多余汤汁，装盘。

8. 锅中下入底汤，打欠，将打好的底汤，浇在食材上，枸杞、油菜心装饰即可。

和风玉衣海苔卷

主料 胡萝卜 100 克，青笋 100 克，杏鲍菇 100 克，海苔 1 张，干豆腐皮两张

辅料 自制沙拉酱 15 克，南瓜香松 15 克

调料 素蚝油 10 克，美极酱油 6 克，白糖 5 克，海苔碎 25 克

做法

1. 分别将胡萝卜、青笋处理干净后切丝；杏鲍菇切丝。

2. 将胡萝卜丝、青笋丝汆水；杏鲍菇丝过油后将三者炒成馅。

3. 在干豆腐皮上面铺上一层海苔，然后将炒好的馅卷入其中，用湿淀粉将豆腐皮的口收紧即可。

4. 下油锅炸至酥脆，挤上自制沙拉酱，上面撒上南瓜香松、海苔碎即可。

黄金脆皮丸子

主料 西葫芦 200 克，面包糠 50 克

辅料 淀粉 10 克，鸡蛋 4 个

调料 盐 15 克，糖 5 克

做法

1. 将西葫芦擦成细丝，用盐腌制一会儿后挤干水分，团成丸子的形状。

2. 将团好的丸子均匀地裹上淀粉，沾上一层蛋液，再裹上一层黄面包糠。

3. 过油炸至定型即可。

照烧绿竹笋

主料　绿竹笋 0.5 个

辅料　大米 10 克，熊猫竹 1 支，玫瑰花瓣 3 片

调料　自制烧汁 5 克，玫瑰盐 3 克

做法

1. 将绿竹笋洗净，一切为二，放入汤桶中加入水，开锅放入大米，小火煨 2 小时，捞出冲水，去苦涩味。

2. 用雕刻刀将绿竹笋心掏出，改刀切片备用。

3. 将绿竹笋外壳入烤箱烤热。

4. 锅中加油，下入绿竹笋心，烹入自制烧汁，裹匀，装入绿竹笋外壳中。

5. 盘中加玫瑰盐，摆熊猫竹、花瓣，放入绿竹笋即可。

芡实参果小嫩豆

主料　新鲜芡实 100 克，小嫩豆 60 克，人参果 20 克

调料　橄榄油 5 克，食用盐 5 克，白糖 3 克

做法

1. 将人参果洗净，放入蒸箱蒸熟。

2. 将新鲜芡实、小嫩豆焯水煮熟后，和蒸熟的人参果一起焯水。

3. 锅内放入橄榄油烧热，下入食材调味炒香即可。

酸汤嫩豆何仙姑

主料　何仙姑 15 克，野米 3 克，小嫩豆 3 克，雪芽米 3 克

辅料　西红柿 15 克，云南大香菜 1 克

调料　自制沙茶酱 3 克，番茄酱 2 克，白糖 2 克，三花淡奶 5 克，自制香辣酱 5 克

做法

1. 分别将野米、雪芽米、小嫩豆煮熟备用；何仙姑焯水备用。

2. 将煮熟的野米、雪芽米、小嫩豆放入盘子底部，上面摆上何仙姑。

3. 锅里烧开水烫西红柿，烫好的西红柿过凉去皮，剁成颗粒状备用。

4. 云南大香菜洗净切碎备用。

5. 锅里放油，将西红柿碎、云南大香菜炒香，调入自制沙茶酱、番茄酱、
   香辣酱、白糖，加水烧开制成汤汁，出锅加入三花淡奶即成酸汤。

6. 食用时，把酸汤淋在盛好的何仙菇上。

三杯株肉粒

主料　素株肉 130 克

辅料　九层塔 10 克，青红尖椒 20 克，姜 5 克

调料　鸡蛋 2 个，淀粉 10 克，盐 5 克，蘑菇精 5 克，白糖 5 克，东古 3 克，
　　　　老抽 3 克，素蚝油 5 克，香油 5 克

做法

1. 将青红尖椒切块备用，九层塔去梗备用，姜切片。

2. 将素株肉加入鸡蛋、淀粉调味，入烤盘，蒸 30 分钟，取出放凉，改
　　刀切块。

3. 将切好的素株肉块拍淀粉入油锅炸至金黄，放入青红辣椒即可捞出备用。

4. 锅留底油，下入姜片炒香，下入九层塔，加入素蚝油、东古、老抽，
　　加少许水，调味，下入食材勾芡，放香油出锅即可。

盐焗松茸

主料 冰鲜松茸 16 片，苦菊心 100 克

配料 粗海盐 3 包，锡纸包 8 个，花草若干

调料 秘制烧汁 10 克

做法

1. 将海盐放入盘中，入烤箱烤热。

2. 冰鲜松茸切厚片，焯水，吸干水分，拍淀粉，入油锅炸至金黄。

3. 锅留底油，下入松茸，烹自制菌汁，裹匀，出锅。

4. 锡纸包中放入苦菊心，放入两片松茸，摆入海盐中，点缀花草即可。

素蟹黄

主料 胡萝卜 100 克，铁棍山药 100 克

辅料 鲜腐竹 15 克，干香菇 15 克，姜 5 克，香菜 5 克

调料 胡椒粉 3 克，蘑菇精 8 克，白糖 3 克，菌菇汁 3 克

做法

1. 胡萝卜、山药去皮，切片，放蒸箱蒸熟，备用。

2. 将一半蒸熟的山药、胡萝卜打碎，剩余一半剁碎。

3. 将鲜腐竹、香菇切细丝备用。

4. 姜切末；香菜切粒。

5. 锅烧热，下入剁碎的胡萝卜、山药炒开，下入打碎的胡萝卜、山药炒匀，然后小火炒香，下入鲜腐竹、香菇丝炒匀，调味，下入姜末、香菜粒，炒匀即可。

金汤五谷竹丝燕

主料　素竹燕窝 10 克

辅料　野米 8 克，山药 8 克，小嫩豆 5 克，玉米 5 克，枸杞 1 个，南瓜泥 15 克，
面粉 5 克，自制香料油 5 克，蘑菇精 8 克

做法

1. 素竹燕窝焯水，挤干水分备用。

2. 将玉米煮熟切粒，山药切丁，野米煮熟。

3. 将玉米、小嫩豆、山药、野米一起焯水，控干水分备用。

4. 锅中加料油，下入面粉炒香，加水，下入南瓜泥，调色调味，注意
　　不要太稠，下入焯过水的食材，搅匀装入盅内，上面放素竹燕窝，
　　点缀枸杞即可。

红花藜麦扒瓜盅

主料 冬瓜 1 块，荷兰小黄瓜 1 根，红藜麦 3 克

辅料 牛肝菌 1 个，鲜桃仁 3 克，鲜香菇 3 朵，藏红花水 10 克

调料 盐 2 克，菌菇汁 5 克，一品鲜 3 克，蘑菇精 5 克

做法

1.冬瓜去皮，用模具套出圆形，入蒸箱蒸透待用。

2.牛肝菌、鲜桃仁、鲜香菇改刀煨好备用。

3.荷兰小瓜切丝焯水团成球备用；红藜麦蒸熟。

4.蒸好的冬瓜装盘，酿入菌菇，放上荷兰小瓜球，淋汁即可。

蛋黄焗土豆

主料　小土豆 8 个

辅料　蛋黄酱 10 克，蛋黄 2 个，芥末膏 1 克，黄油 1 克，牛奶 1 克，奥利奥
200 克

做法

1. 土豆烤熟，将内部掏空。

2. 黄油、牛奶拌匀，酿入土豆壳。

3. 奥利奥去白芯碾碎，成为巧克力泥儿。

4. 蛋黄酱加蛋黄、芥末膏调好，涂抹在土豆上，烤上色即可。

脆皮菌菇沙拉

主料　春卷皮 10 张，杏鲍菇 15 克，生菜 10 克，苦菊 5 克

调料　沙拉汁 10 克

做法

1. 春卷皮炸成卷备用。

2. 杏鲍菇切成小粒，炸熟。

3. 苦菊、生菜切碎，和杏鲍菇粒一起用沙拉汁拌匀，酿入炸好的春卷里装盘即可。

花园芬芳

主料 羊肚菌 3 个，黑鸡枞 10 克，白玉菇 5 克，蟹味菇 5 克，素鸡肉酱 5 克，豆腐 10 克，香菜 3 克

辅料 香椿苗 0.5 板，大料 1 瓣，生抽 5 克，老抽 3 克，蘑菇精 10 克，五香粉 2 克，胡椒粉 1 克

做法

1. 羊肚菌洗净去根；白玉菇、蟹味菇去根。

2. 羊肚菌、黑鸡枞菌、白玉菇、蟹味菇炸至金黄。

3. 锅中加油，加大料炒香，加水、生抽、老抽、五香粉、蘑菇精调味，放入炸好的菌菇煨制入味。

4. 将素鸡肉酱剁碎；豆腐挤干水；素鸡肉酱与豆腐放入盆中，加入蘑茹精、胡椒粉，装入裱花袋中。

5. 将煨好的羊肚菌吸干水，上述裱花袋中的馅料酿入羊肚菌中。

6. 用牙签将所有菌固定在香椿苗中，装饰花草即可。

味噌绿竹笋

主料　绿竹笋 0.5 个

辅料　味噌酱 10 克

做法

1. 绿竹笋用米汤煮熟。

2. 绿竹笋改刀，抹上味噌酱烤至焦黄即可。

五彩缤纷油梨卷

主料　牛油果 0.5 个

辅料　奇异果 6 克，火龙果 6 克，芒果 6 克

调料　蓝莓酱 3 克，沙拉酱 8 克

做法

　　1. 牛油果切片做成卷备用。

　　2. 把辅料切成粒，用沙拉酱拌匀，酿入牛油果卷内。

　　3. 装盘淋上蓝莓酱即可。

惠灵顿猴菇排

主料 鲜猴头菇 500 克，酥皮 1 张

辅料 茴香头 0.5 个，鲜香菇 100 克，口蘑 100 克，平菇 100 克，手指胡萝卜 1 根，白玉菇 5 克，蟹味菇 5 克，黄绿节瓜 5 克，百里香 3 克

调料 盐 5 克，蘑菇精 20 克，黑胡椒碎 6 克，五香粉 3 克，淀粉 50 克，自制黑椒汁 5 克

做法

1. 将口蘑、平菇、鲜香菇、茴香头打碎成蓉，挤干水分。

2. 锅中入油，下入百里香炒香，下入上述菌菇，调味炒香。

3. 鲜猴头菇撕碎、焯水，再挤干水分，加淀粉、盐、蘑菇精、黑胡椒碎、五香粉，搅拌均匀，放入蒸盘中，压制成饼，蒸 30 分钟，制成猴菇排，切成小块备用。

4. 用模具将酥皮扣出两张圆饼，将菌菇馅和猴菇排放入，包成圆饼，放入烤盘中，入烤箱烤至金黄即可。

5. 手指胡萝卜去皮；黄绿节瓜切条；白玉菇、蟹味菇去根；一起焯水，备用。

6. 锅中加油，下入步骤 5 中的食材，调味炒香，盛盘，猴菇排放上即可。

椒麻烹汁猴菇粒

主料 干猴头菇 35 克

辅料 干辣椒丝 20 克，鲜花椒 5 克

调料 菌汁 10 克，蘑菇精 10 克，菌菇汁 5 克，东古 3 克，鸡蛋浓汤 350 克，
五香粉 5 克，淀粉 15 克，蛋清 20 克

做法

1. 干猴头菇提前泡水，焯水，冲水，挤干水分，加入蛋清、蘑菇精、
五香粉搅拌至猴头菇吸进蛋清，上蒸箱蒸 2 小时，取出改刀切块。

2. 将猴头菇块拍淀粉炸至金黄。

3. 锅留底油，下入猴头菇，烹菌汁，裹匀备用。

4. 锅留底油下入干辣椒丝、鲜花椒,炒香,下入猴菇粒,炒匀,装盘即可。

松茸石斛养生汤

主料 鲜松茸 2 片，铁桂山药 8 克，鲜石斛 5 克，人参果 5 克，石斛花 1 朵

辅料 干鸡枞茸 5 克，干牛肝菌 5 片克，干虫草花 3 克，干松茸片 5 克，干羊肚菌 5 克

调料 盐 5 克，蘑菇精 2 克

做法

1. 将主料改刀焯水。

2. 辅料洗净，加纯净水蒸 40 分钟，过滤留汤汁，加盐、蘑菇精调味成菌汤。

3. 上述菌汤盛入汤盅，放入主料，蒸 20 分即可。

法式坚果焗香薯

主料 蜜薯1个

辅料 芝士8克，黄油1克，炼乳1克，腰果1个

做法

1.蜜薯改刀成段，入烤箱烤熟后一开二，掏出红薯瓤留壳。

2.红薯瓤入料理机打碎，加辅料拌匀，酿入红薯壳，撒上芝士，入烤箱把芝士烤至焦脆即可。

椒麻野生猴头菇

主料　猴头菇 200 克

辅料　鲜花椒 20 克，干辣椒丝 100 克

调料　菌汁 20 克

做法

1. 将猴头菇焯水，然后上干粉，入油锅炸至金黄捞出。

2. 将猴头菇入锅，下入菌汁，裹匀即可。

3. 将鲜花椒焯水备用。

4. 锅中加底油，下入干辣椒丝、鲜花椒炒香，下入猴头菇，炒匀即可。

碧碧幽兰竹丝燕

主料　竹燕窝

辅料　土豆 1 个，马蹄 2 个，香菇 2 个，菠菜适量，松子 5 克，腰果 10 克

调料　蘑菇精 5 克，鸡蛋浓汤 280 克，料油 15 克，菌茹汁 5 克

做法

1. 马蹄、香菇切米粒大小，焯水，挤干水分，备用。

2. 土豆切块，下油锅炸至金黄，捞出备用。

3. 菠菜洗净，焯水过凉备用。

4. 锅中加料油，下入土豆、松子、腰果、略炒、加入鸡蛋浓汤，加入菌菇汁，放凉，然后放入打碎机中，放入过凉的菠菜，打碎成为浓汤即可。

5. 竹燕窝焯水，挤干水分备用。

6. 锅中加入料油，下入香菇、马蹄，炒香，加蘑菇精，出锅装盘。

7. 锅中下入打好的浓汤调味，然后浇到炒好的香菇、马蹄上面，把挤干水的竹燕窝放在上面，放枸杞点缀即可。

生态锦蔬蒸

主料　鲜马蹄 1 块，紫胡萝卜 8 克，牛油果 8 克，南瓜 1 块

辅料　蜂蜜 10 克

做法

1. 将马蹄去皮，去根洗净备用。

2. 紫胡萝卜，洗净，去皮，切圆柱块。

3. 牛油果去皮切四方块。

4. 南瓜去心，切四方块。

5. 将所有食材蒸 18 分钟，取出摆盘。

珍馐双色冰花燕

主料 雪燕 5 克

辅料 牛油果 2 个，山药 100 克，鲜百合 1 朵，香椿苗 1 根，红心火龙果汁 15 克

调料 蜂蜜 15 克

做法

1. 将牛油果、山药，分别加蜂蜜打碎。

2. 将百合修成花瓣形备用。

3. 锅中加水，下入牛油果、水、蜂蜜炒匀装盘。

4. 锅中加水，下入山药，加红心火龙果汁调色装盘。

5. 将百合、雪燕分别焯水，然后将百合插在山药泥上面，中间放雪燕，

   放香椿苗点缀即可。

酸汤嫩豆株肉滑

主料 素株肉 20 克

辅料 竹笙 1 根，野米 10 克，小嫩豆 6 克，雪芽米 6 克，西红柿 15 克，云南大香菜 3 克

调料 自制沙茶酱 3 克，自制香辣酱 5 克，番茄酱 3 克，白糖 3 克，三花淡奶 6 克，鸡蛋 1 个，蘑菇精 5 克，菌菇汁 3 克，淀粉 8 克

做法

1. 将素株肉加入鸡蛋、淀粉搅匀。

2. 竹笙泡水，一开为二，沾淀粉，将调好的素株肉平铺在竹笙上面，上蒸箱蒸 20 分钟，取出放凉，切段。

3. 分别将野米、雪芽米、小嫩豆，煮熟备用。

4. 将煮熟的野米、雪芽米、小嫩豆放入盘子底部，上面摆上素株肉滑。

5. 锅里烧开水，烫西红柿，烫好的西红柿过凉去皮，剁成颗粒状备用。

6. 云南大香菜洗净切碎备用。

7. 锅里放油，将西红柿碎、云南大香菜炒香，调入自制沙茶酱、香辣酱、番茄酱、白糖，加水烧开制成汤汁，出锅加入淡奶即可。

素鸡排

主料　猴头菇 1000g

辅料　鸡蛋 4 个，黄色面包糠 50 克

调料　素蚝油 5 克，香油 5 克，胡椒粉 35 克，蘑菇精 25 克

做法

1. 猴头菇撕小朵，焯水，过凉，然后挤干水分。

2. 将挤干水分的猴头菇加入鸡蛋、调料，拌匀，氿入淀粉，拌匀。

3. 将调好的猴头菇铺入蒸屉，用手铺平，薄厚一样，入蒸箱蒸 20 分钟，
   放凉，改刀切块备用。

4. 将改好刀的猴菇排蘸淀粉，然后裹蛋液，再放入面包糠里裹匀。

5. 锅中烧油，下入猴菇排，炸至金黄酥脆即可。

一沙一世界

主料　猴头菇 500 克

辅料　香菜 15 克，红绿杭椒 15 克

调料　淀粉 10 克，蘑菇精 5 克，白糖 3 克，香油 3 克，菌菇汁 5 克，

　　　辣椒面 3 克，芝麻 5 克

做法

1.猴头菇焯水，挤干水分，切块，备用。

2.香菜去叶，根茎切段，红绿杭椒顶刀切圈。

3.将切好的猴头菇加入调料拌匀，然后改刀切黄豆大小的丁，裹淀粉入
　油锅炸至金黄。

4.锅中留底油，下入辣椒圈，放入炸好的猴头菇，加入调料，炒匀，加
　入香菜段，即可。

猴菇串串香

主料　猴头菇 500 克

辅料　孜然 5 克，辣椒面 20 克，白芝麻 50 克，淀粉 100 克

调料　蘑菇精 15 克，素蚝油 5 克，香油 8 克，金兰油膏 10 克

做法

　　1. 猴头菇焯水，切块，挤干水分。

　　2. 将调料放入猴头菇中拌匀。

　　3. 将辅料放入猴头菇中，拌匀，串成串。

　　4. 猴头菇串入油锅炸至金黄即可。

天妇罗小蘑菇

主料 蟹味菇 1 袋

调料 天妇罗粉 150 克

做法

1. 蟹味菇去根。

2. 天妇罗粉加水稀释，放入蟹味菇，拌匀。

3. 蟹味菇入油锅炸至金黄即可。

白椒玉笋片

主料　纸片笋 0.5 袋

辅料　有机菜花 25 克，香菜茎 15 克，红绿辣椒 10 克，白辣椒干 1 克

调料　素蚝油 3 克，东古 3 克，蘑菇精 5 克，香油 3 克，白糖 3 克

做法

1. 白辣椒干泡水切丁；红绿辣椒切圈；菜花改小朵；香菜茎切段。

2. 锅中加水，下入菜花、纸片笋焯水，捞出备用。

3. 锅中加入油，下入白辣椒、辣椒圈炒香，下入菜花、纸片笋，加入调料炒匀，最后放入香菜即可。

素海鲜焗土豆

主料　土豆 1000 克

辅料　素虾仁 2 只，素火腿 15 克

调料　蘑菇精 3 克，白糖 1 克，胡椒粉 1 克，芝士 25 克，淡奶油 5 克，
　　　　牛奶 10 克

做法

1. 将土豆蒸熟打碎成泥；将素火腿切丁焯水备用。

2. 锅中加入黄油，下入土豆泥、牛奶、淡奶油，炒开，下入蘑菇精、白
　　糖、胡椒粉、素火腿、素虾仁，炒匀装盘。

3. 将芝士撒在土豆泥上，入烤箱烤至金黄即可。

紫苏达官鸭

主料　脆皮素鸭 1 袋

辅料　剁椒 10 克，香芹 20 克，香菜 10 克，红尖椒 5 克，紫苏 5 片

调料　素蚝油 3 克，东古 3 克，美极 3 克，辣鲜露 2 克，素 xo 酱 8 克

做法

1. 将素鸭切条，备用；香芹切段；香菜切段；红尖椒切圈。

2. 锅中加油，下入素鸭，炸至金黄，捞出焯水备用。

3. 将素 xo 酱、剁椒下锅炒香，下入香芹、香菜炒香，下入素鸭炒匀，
   加调料炒匀即可。

烩贡三宝满坛香

主料 海参菌 5 克

辅料 魔芋块 5 克，白玉菇 10 克，蟹味菇 10 克，褐菇 10 克，杏鲍菇 8 克，榆耳 5 克，栗子瓜 6 克，玉米笋 5 克，鲜黄耳 1 片，宝塔菜 1 块

调料 自制素咖喱酱 10 克，南瓜泥 15 克，蘑菇精 8 克，五香粉 3 克，东古 3 克，面粉 10 克

做法

1. 将海参菌切片，榆耳切片，魔芋块切片，玉米笋切滚刀块，一起焯水备用。

2. 将蟹味菇、白玉菇去跟，褐菇、杏鲍菇切片，分别入油锅炸至金黄。

4. 锅留底油，下入东古，加水，下入五香粉调味，下入所有食材，入蒸箱蒸 15 分钟。

5. 栗子瓜切块，入油锅炸至金黄备用。

6. 锅留底油，下入面粉，炒香下入素咖喱酱，加水，煮开，下入南瓜泥调色，调味既成底汤。

7. 将鲜黄耳、宝塔菜焯水备用。

8. 将蒸好的食材控水，装入坛中，浇入调好的底汤，放鲜黄耳、宝塔菜即可。

红菜头滋补汤

主料　红菜头 1 个

辅料　胡萝卜 1 克，土豆 10 克，西芹 5 克，西红柿 5 克，九层塔 1 朵，

　　　　番茄酱 10 克，山竹 1 块，薄荷尖 1 支

调料　黄油 5 克，盐 3 克，蘑菇精 5 克，白糖 3 克

做法

1. 红菜头切片；土豆、胡萝卜、西红柿、西芹切片。

2. 锅中下黄油，下入辅料炒香，下入红菜头炒香，下入番茄酱、九层塔，
　 加入纯净水，小火熬至浓稠，滤去食材，留底汤备用。

3. 锅中加入底汤，加入盐、蘑菇精、白糖，装盘，放入山竹、薄荷尖即可。

一指禅

主料　素腊肠 1 袋

辅料　番茄酱 15 克，苏紫叶 1 片

做法

1. 将素腊肠改花刀，焯水备用。

2. 锅中加油，下入素肠炸至金黄，捞出吸油，紫苏叶点缀，番茄酱用
于调味。

回锅肉

主料　自制素肉 100 克

辅料　青椒 10 克，木耳 5 克，冬笋 5 克

调料　自制香辣酱 10 克，白糖 3 克，红油 5 克，蘑菇精 5 克，生粉 3 克，
豆豉 3 克

做法

1.青椒切块；冬笋切片；素肉切片；木耳泡发。

2.锅中加油，下入素肉炸至金黄，下入青椒；冬笋滑油，备用。

3.锅留底油，下入香辣酱炒香，加少许水，下入食材，调味，打薄芡
即可。

泡椒爽脆

主料　海笋 100 克

辅料　青笋 15 克，猪肚菇 15 克，芍皮 20 克，香芹 5 克

调料　自制泡椒酱 12 克，容山泡椒 3 克，东古 5 克，蘑菇精 10 克，白糖 3 克，
米醋 2 克

做法

1. 海笋泡发，改刀成段；猪肚菇切块；芍皮切菱形片；香芹切段；青笋
   切条。

2. 锅中加水下入海笋焯熟，再下入其他辅料焯水备用。

3. 锅中下入容山泡椒、泡椒酱炒香，加少许水，下入食材，调味，打芡，
   加少许米醋即可。

三杯煎酿羊肚菌

主料 大羊肚菌 1 个

辅料 素鸡肉酱 15 克，香菇 8 克，马蹄 8 克，北豆腐 10 克，牛肝菌 8 克，
西蓝花 20 克，酸模叶 1 个

调料 菌菇汁 8 克，蘑菇精 8 克，素蚝油 3 克，东古 3 克，胡椒粉 3 克，香油 3 克，
自制黄椒素鱼子

做法

1. 将羊肚菌提前泡发，洗净，入油锅炸至金黄备用。

2. 锅留底油下入素蚝油、东古炒香，下入羊肚菌，调味，入蒸箱蒸 1 小时，
取出留汤汁备用；羊肚菌吸汁备用。

3. 将香菇切粒炸至金黄，马蹄切粒焯水，牛肝菌切粒炸至金黄，放入
素鸡肉酱中，加入豆腐，放香油调味，酿入羊肚菌中，蒸 15 分钟，
备用。

4. 锅中加水，下入色拉油、盐、蘑菇精，将西蓝花碎焯水，控水，用
模具摆入盘中，垫底。

5. 将蒸羊肚菌的汁倒入锅中，下入酿好的羊肚菌，加老抽调色，勾芡，
装盘，放入酸模叶，点缀鱼子花草即可。

金刚沙豆腐

主料 自制鸡蛋豆腐 1 块

辅料 自制金刚沙 25 克，花草适量

调料 椒盐 3 克

做法

1. 自制鸡蛋豆腐切圆柱体，裹淀粉，下入油锅炸至金黄，备用。

2. 锅中放入自制金刚沙，下入炸好的鸡蛋豆腐，撒入椒盐，裹匀，装盘，

   点缀花草即可。

金不换菌黄牛肉

主料　自制素牛排 8 块

辅料　杏鲍菇 120 克，九层塔 2 克，红彩椒 5 克

调料　黄油 3 克，干迷迭香 1 克，素蚝油 3 克，蘑菇精 5 克，东古 3 克

做法

1. 素牛排改刀成块；杏鲍菇改刀切厚片，打花刀；红彩椒切菱形片。

2. 锅中加油，下入素牛排、杏鲍菇炸至金黄。

3. 锅中下入黄油融化，下入迷迭香炒香，下入牛排、杏鲍菇、九层塔，

　　下入调料，打薄芡，装盘即可。

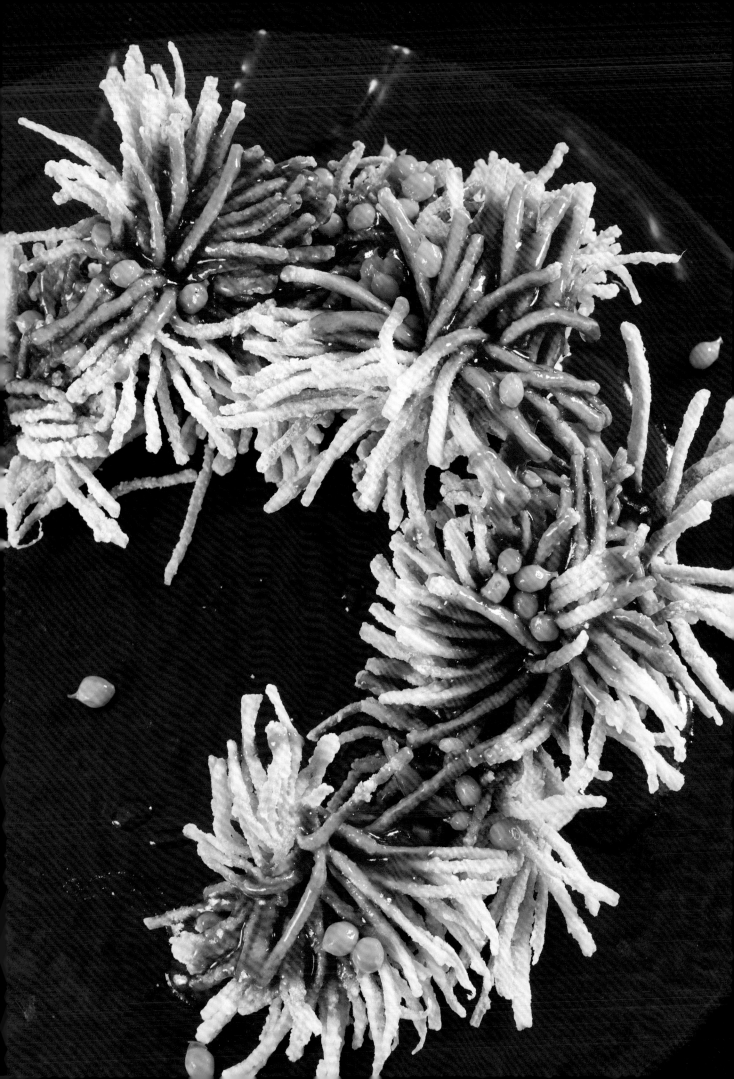

菊花鱼

主料　杏鲍菇 200 克

辅料　青豆 3 克

调料　自制糖醋汁 50 克

做法

1. 杏鲍菇改刀成菊花状，下入锅中焯水备用。

2. 将焯好水的杏鲍菇挤干水分，抓匀蛋清，裹匀淀粉，入油锅炸至金黄，装盘，淋入糖醋汁，撒青豆即可。

铁板牛排

主料　自制素牛排 8 块

辅料　青红椒 3 克，香菜 10 克，薯条 120 克

调料　自制黑椒汁 20 克

做法

1. 素牛排改刀成块，打花刀，焯水备用；香菜切段；青红椒切粒。

2. 锅中下入油，下入素牛排、薯条，炸至金黄。

3. 铁板中放入香菜、土豆条、牛排，淋上黑椒汁，撒青红辣椒粒即可。

糯米蒸仔排

主料　素鸡肉酱 100 克

辅料　藕 1 根，香菇 20 克，杏鲍菇 20 克，姜 3 克，香菜 3 克，糯米 300 克

调料　自制咖喱酱 3 克，盐 2 克，胡椒粉 2 克，蘑菇精 3 克，素蚝油 2 克，

香油 3 克

做法

1. 香菇、杏鲍菇切粒，炸至金黄。

2. 姜切粒；香菜切粒；均放入素鸡肉酱中，均加入调料调味。

3. 藕切条，蘸淀粉，裹好调好的肉酱，蘸提前泡发的糯米，放入蒸屉蒸

20 分钟，装盘，淋咖喱酱即可。

菌汁杏鲍菇

主料　杏鲍菇 300 克

辅料　荷兰豆 30 克，青红辣椒 10 克

调料　自制菌汁 25 克

做法

1. 杏鲍菇改刀成厚片。

2. 青红辣椒切条；荷兰豆去头尾；均炒水备用。

3. 锅中下油，下入杏鲍菇，炸至金黄备用。

4. 锅中下入杏鲍菇、辅料，加入自制菌汁，裹匀，然后摆盘即可。

红胡椒牛肝菌

主料　牛肝菌 450 克

辅料　青红辣椒 20 克

调料　红胡椒粒 15 克，自制菌汁 25 克

做法

1. 牛肝菌切条；青红辣椒切圈。

2. 锅中加水，下入牛肝菌焯水，捞出吸干水分，蘸淀粉，入油锅炸至金黄，备用。

3. 锅留底油，下入青红辣椒圈、红胡椒粒，炒香，下入牛肝菌，然后放入菌汁，裹匀即可。

鬼马龙豆炒菌菇

主料 杏鲍菇 100 克，油条 1 根

辅料 龙豆 100 克，九层塔 10 克，红辣椒 5 克

调料 香油 3 克，素蚝油 2 克，金兰油膏 3 克，蘑菇精 5 克，东古 3 克，美极 2 克，
胡椒粉 2 克

做法

1. 油条切小段；杏鲍菇切油条大小的条；龙豆去筋，切菱形块；红辣椒
   切菱形块。

2. 锅中加油，下入油条、杏鲍菇，分别炸至金黄，最后下入龙豆。

3. 锅留底油，下入金兰油膏、素蚝油，炒香，下入食材加入调料，加少
   许水淀粉，炒匀，最后放入九层塔，炒匀即可。

松茸猴头煲

主料　猴头菇 500 克

辅料　白萝卜 1 根，松茸 20 克，银杏 10 克，自制素蟹黄 20 克，素汤适量

调料　蘑菇精 15 克，白糖 3 克，菌菇汁 6 克

做法

1. 猴头菇焯水，挤干水分，切丁。

2. 用鸡蛋、淀粉给猴头菇挂糊，炸至金黄。

3. 白萝卜切菱形块；松茸切片；均焯水，备用。

4. 锅中加水下入所有食材，调味，入高压锅压 5 分钟左右即可。

四喜福饼

主料 鸡蛋4个，牛肝菌20克，豆腐500克，扁豆200克

辅料 香菜10克，香椿苗10克，馓子20克，黄瓜丝15克，胡萝卜丝20克

做法

1. 将鸡蛋卤熟备用。

2. 牛肝菌改刀成小丁，与香菜炒制成菜备用。

3. 豆腐碾碎过油，与香椿苗炒成菜备用。

4. 扁豆切丝过油，炒制成菜备用。

5. 分别将卤蛋、香椿豆腐、扁豆丝、牛肝菌放入福字缸中，与馓子、黄瓜丝、胡萝卜丝一同上桌即可。

鸡枞菌拌小黄瓜

主料　黑鸡枞菌 200 克

辅料　黄瓜花 200 克，红椒条 5 克，红薯松 5 克

调料　盐 5 克，素蚝油 3 克，东古 3 克，蘑菇精 5 克，老抽 3 克，白糖 3 克

做法

1. 将黄瓜花洗净。

2. 锅中加油，下入鸡枞菌，炸至金黄备用。

3. 锅留底油下入素蚝油，加水少许，下入东古老抽，调味，放入鸡枞菌略微煨制，打欠，摆入盘中。

4. 锅中加水，下入黄瓜花略焯，备用．

5. 锅中加油下入黄瓜花，加盐、蘑菇精、白糖，打欠出锅，摆在鸡枞菌上面，放红薯松即可。

玉米小时候

主料　玉米胚芽 100 克，小嫩豆 50 克

辅料　琥珀桃仁 2 颗，黄金麦穗 1 个

调料　盐 5 克，蘑菇精 3 克，白糖 2 克

做法

1. 将玉米胚芽、小嫩豆焯水。

2. 锅中加油，下入玉米胚芽，调味，打薄欠，装入圆形模具中，摆入盘中。

3. 锅中加油下入小嫩豆，调味，打薄欠，摆入玉米胚芽上面，取下模具，
   摆入核桃仁、黄金麦穗，玫瑰花瓣点缀。

风味牛蒡

主料 牛蒡 200 克

辅料 巴西叶 1 片，芝麻 20 克，自制甜辣酱适量

做法

1.将牛蒡去皮，改刀成片，焯水，拍粉过油炸至酥脆。

2.炸好的牛蒡裹匀自制甜辣酱，摆在花叶生菜上，撒上芝麻即可。

乾坤百宝箱

主料　老豆腐 500 克

辅料　杏鲍菇 50 克，牛肝菌 50 克，香菇 50 克，西红柿 30 克，香椿苗 5 克，芦笋尖 5 根

做法

1. 老豆腐改刀成方块，过油炸至焦黄，再改刀成豆腐箱。

2. 将各种菌菇改刀成小粒，过油炸香，炒制成馅后酿入豆腐箱内，入蒸箱蒸透。

3. 摆盘，点缀西红柿与芦笋尖。

4. 将香椿苗刹碎，调味打成琉璃芡浇在豆腐箱上面即可。

铁板包浆豆腐

主料　包浆豆腐 150 克

辅料　折耳根碎 5 克，香菜碎 5 克，鱼香汁适量

做法

1. 将包浆豆腐过油炸至金黄酥脆，摆入盘中。

2. 上述豆腐浇上鱼香汁，点缀折耳根碎与香菜碎即可。

水煮三国

主料 卤杏鲍菇 100 克，海白菜 50 克，炸腐竹 50 克，青笋片 30 克，油麦菜 20 克，平菇 30 克，猪肚菇 30 克，卤香菇 50 克

辅料 青红美人椒片 10 克，鲜花椒 5 克，自制麻辣料 15 克，自制香料油 5 克，干辣椒段 15 克，芝麻 3 克

调料 蘑菇精 6 克，白糖 3 克，花椒油 3 克，盐 3 克，豆瓣酱 5 克，花椒 8 克，麻椒 8 克，干辣椒 10 克

做法

1. 杏鲍菇切片，海白菜切片，腐竹改段，青笋切片，平菇撕小朵，猪肚菇切块，香菇切片，油麦菜切段。

2. 青红美人椒切片备用。

3. 将所有食材除油麦菜全部焯水备用。

4. 锅中加料油，下入花椒，麻辣，干辣椒，豆瓣酱炒香，下入自制香辣酱，加水，大火冲开，调味，捞出料渣下入焯好的食材，油麦菜煨煮出锅，装入盘中。

5. 锅中加入料油下入鲜花椒，美人椒，干辣椒炝香，淋洒在食材上，撒芝麻即可。

七味盐豆腐

主料　嫩豆腐 1 盒

辅料　自制七味盐

做法

1. 将嫩豆腐改刀成块，裹匀七味盐。

2. 入油锅炸至表皮酥脆即可。

香煎罗马生

主料 罗马生菜 1 棵

辅料 小茴香头 10 克，小青柠 1 个，素肉松 5 克

做法

1. 罗马生菜去掉老叶，从中间一开二备用。

2. 小青柠和小茴香头也一开二备用。

3. 平底锅入橄榄油烧热，放入罗马生菜、小青柠和小茴香头，煎至表面
   成黄色即可装盘，撒入素肉松即可。

酸菜鱼

主料 自制山药鱼片 200 克

辅料 自制酸菜酱 30 克，泡灯笼椒 3 颗，青红美人椒圈 5 克，鲜花椒 5 克，
蛋汤 300 克

调料 白醋 5 克，蘑菇精 4 克，胡椒粉 3 克，菌菇汁 3 克

做法

1. 青红美人椒切片备用。

2. 锅中加油下入泡椒炒香，加入酸菜酱，炒香，下入蛋汤，调味，下
   入素鱼片，煨煮，装盘即可。

3. 锅留底油下入青红杭椒、花椒，炝香，装入盘中。

臊子山药

主料　山药块 300 克

辅料　姜米 5 克，青红椒粒 5 克，罗勒叶 3 克，香菇粒 10 克，泡椒酱 30 克

做法

1. 将山药块焯水，过油炸至表皮微焦备用。

2. 锅内留底，油煸香姜米、香菇粒、泡椒酱、青红椒粒，加水调味成臊
   子后，放入山药块大火收汁，勾芡即可。

山菌野菜灌饼

主料　荠菜碎 80 克，榛蘑碎 20 克，口袋饼 6 个

辅料　香椿苗碎 10 克，香菇粒 5 克，姜米 5 克

做法

1. 将姜米、香菇粒炒香，下入处理好的荠菜碎。

2. 炒香后下入处理好的榛蘑碎，调味略炒，下入香椿苗碎，大火爆香出锅。

3. 把上述馅料装入口袋饼中即可。

咖喱蔬菜卷

主料 牛心圆白菜1片，胡萝卜丝30克，银芽20克，金针菇30克，木耳丝10克

辅料 自制咖喱酱10克

做法

1. 将除牛心圆白菜外的所有食材处理好调制成馅。

2. 牛心圆白菜选嫩绿的叶子，焯水后晾干水分，把调制好的馅料卷入其中，改刀成形后装入盘中，浇上自制咖喱酱即可。

小炒脆黄瓜

主料 水果小黄瓜 500 克

辅料 小米椒 10 克，香菇粒 5 克

做法

1. 将小黄瓜改刀成均匀的薄片，用盐腌制后挤干水分备用。

2. 锅内留油，将香菇粒、小米椒炒香，下入处理好的小黄瓜片，调味炒
   香即可装盘。

金刚火方

主料 冬瓜方 1 块，猴头菇丝 100 克，香菇粒 50 克，马蹄粒 30 克，老豆腐 300 克

辅料 香芹 30 克，胡萝卜 30 克，姜片 10 克，香菜 5 克，八角 2 个

做法

1. 将冬瓜方焯水后扎眼，均匀地涂上老抽上色备用。

2. 将猴头菇丝、香菇粒、马蹄粒、老豆腐调制成馅后酿在冬瓜方上，入油锅炸至定型，摆入盘中。

3. 将八角、姜片、香菜、胡萝卜、香芹制成卤汤，浇在冬瓜坊上，入蒸箱蒸透即可。

酸汤黄耳

主料 鲜黄耳片 30 克，鲜土豆粉 1 袋，黄豆芽 20 克，平菇 20 克，木耳 10 克

辅料 青红美人椒圈 5 克，自制酸菜酱 20 克

调料 盐 3 克，蘑菇精 3 克，菌菇汁 5 克，胡椒粉 3 克，白醋 6 克，南瓜泥 10 克，鸡蛋浓汤 300 克

做法

1. 将鲜黄耳切片，焯水备用。

2. 将所有食材焯水备用。

3. 锅留底油，下入酸菜酱，炒香，加鸡蛋浓汤，加入南瓜泥，下入调料，下入食材煨煮，即可装盘。

4. 锅留底油下美人椒圈炒香，装入盘中。

秘制怀味猴头菇

主料　鲜猴头菇 300 克

辅料　银杏 10 克，青红椒件 5 克，红薯松 5 克

调料　素蚝油 5 克，东古 3 克，美极 3 克，蘑菇精 5 克，香油 3 克，胡椒碎
　　　　5 克，老抽 3 克，香油 3 克，菌菇汁 3 克，淀粉 35 克，黄油 5 克

做法

1. 鲜猴头菇撕小朵，焯水，挤干水分。

2. 猴头菇加素蚝油、蘑菇精、黑胡椒、香油、菌菇汁腌制一夜。

3. 将腌好的猴头菇拌淀粉，炸至酥脆，备用。

4. 将银杏焯水备用。

5. 锅中加入黄油炒香，下入黑胡椒碎、青红椒片，加入素蚝油，加少许
　　水，放入老抽、东古、美极、蘑菇精，下入猴头菇，打欠出锅。摆入
　　盘中，点缀红薯松。

三鲜黑腐竹

主料　黑腐竹 100 克，猪肚菌 100 克，煎荷包蛋 1 个

辅料　油菜心 50 克，小米椒 5 克

调料　蘑菇精 5 克，菌菇汁 3 克，盐 2 克，自制素蟹黄 6 克，香油 3 克

做法

1. 将黑腐竹炸至酥脆，泡水回软，改菱形条。

2. 将荷包蛋切块，猪肚菇切块。

3. 锅中加油下入素蟹黄，加入开水，冲至浓汤，下入调料，放入所有食材，煨煮装盘即可。

徽乡烧豆腐

主料 北豆腐 300 克

辅料 青红美人椒片 20 克，香芹段 15 克，自制腐乳酱适量

做法

1. 将北豆腐切成均匀的薄片，入煎锅煎制两面金黄备用。

2. 锅内下入自制腐乳酱炒香后，加入素高汤，调味，放入北豆腐、青红椒片、香芹段，略烧后大火收汁即可装盘。

碧波幽兰羊肚菌

主料 羊肚菌 3 个

辅料 素鸡肉酱 15 克，土豆 10 克，菠菜 8 克，熟腰果 3 克，染色绣球菌 1 朵，
蟹味菇 1 个，山药泥 15 克，香菇 5 克，马蹄 5 克，牛肝菌 15 克

调料 熟松子 2 克，蘑菇精 10 克，香油 5 克，自制香料油 6 克，鸡蛋浓汤 200 克，
胡椒粉 3 克，素蚝油 3 克

做法

1. 将羊肚菌洗净，炸至金黄，焯水备用。

2. 将蟹味菇去根，炸至金黄。

3. 锅留底油，下入素蚝油，炒香汁，加水，调味，下入蟹味菇、羊肚菌，
   煨制 15 分钟，捞出吸干水分备用。

4. 将香菇切粒炸至金黄；马蹄切粒焯水；牛肝菌切粒炸至金黄；以上
   放入素鸡肉酱中，调味，酿入羊肚菌中，蒸 15 分钟，备用。

5. 将土豆切片，炸至金黄；菠菜去跟焯水过凉备用。

6. 榨汁机中加入鸡蛋浓汤、土豆腰果、松子、菠菜，加自制香料油、
   香油调味，打碎成浓汤，锅中加热备用。

7. 盘中放入山药泥，将酿好的羊肚菌蟹味菇，分别摆在山药泥上，浇
   打好的浓汤，放绣球菌，点缀花草即可。

芙蓉椒麻黑虎掌

主料　黑虎掌菌 200 克，鸡蛋清 8 个

辅料　西芹心 1 根，青红美人椒片 20 克，鲜花椒 5 克，豆瓣酱 15 克

做法

1. 将鸡蛋清炒成芙蓉后，摆入盘中。

2. 将处理好的黑虎掌菌改刀成片，与豆瓣酱、青红美人椒片、鲜花椒炒香，调味后摆在芙蓉上，点缀西芹芯即可。

娘惹串烧

主料　鲜香菇 20 克，青红椒块 10 克，花生蛋白 10 克，猴头菇 20 克

辅料　自制红咖喱酱

做法

1. 分别将主料穿制成串。

2. 上述串入油锅炸香，然后摆入盘中，浇上自制红咖喱酱即可。

小冬笋

主料 小冬笋 200 克

辅料 香菇 30 克，马蹄 20 克，山药泥 100 克

做法

1. 把小冬笋的根部去掉，洗干净，用米汤和冰糖小火煮 3 小时，关火泡一夜去掉笋的苦涩味。

2. 将加工好的笋从底部掏空，再把掏出的笋和香菇、马蹄、山药泥调制入味，酿入笋中。

3. 笋的底部蘸淀粉，入油锅炸至熟即可。

天府素上鲜

主料 腐衣皮 1 张

辅料 金针菇 30 克，木耳 20 克，青笋 50 克，胡萝卜 50 克，青豆 10 克，菠菜叶 5 克，泡椒 3 克

调料 脆皮粉 0.5 袋，东古 5 克，白糖 3 克，蘑菇精 5 克，素蚝油 5 克，菌菇汁 3 克，香油 3 克

做法

1. 木耳、青笋、胡萝卜、菠菜叶、泡椒分别切丝备用。

2. 锅中加水，下入金针菇、木耳、胡萝卜、青笋焯水，控干水分备用。

3. 将焯完水的食材加入蘑菇精、菌菇汁、香油，调味。

4. 将脆皮粉加水稀释成脆皮糊。

5. 将调好味的食材放入腐皮中，卷起，挂脆皮糊入油锅小火炸至金黄酥脆捞出改刀装盘。

6. 锅留底油，下入泡椒丝，炒香，加入水少许，放入青豆煮熟，下入素蚝油，加东古、白糖、蘑菇精调味，打芡，放入菠菜丝，浇到炸好的腐衣卷上即可。

香煎芦笋佐黑松露奶油汁

主料　芦笋 8 根

辅料　红黄彩椒 15 克，口蘑 20 克，黑松露 2 片，圣女果 2 个，淡奶油 30 克，

帕玛森奶酪 8 克，黄油 3 克

调料　海盐 3 克，黑胡椒 2 克

做法

1. 芦笋切断，焯水备用。

2. 红黄彩椒切小丁备用。

3. 圣女果去两端，用勺子掏空，

4. 黑松露、口蘑切片，备用。

5. 锅热放黄油，融化后放入红黄彩椒、口蘑翻炒，炒香后加入淡奶油，

调味，加入帕玛森奶酪，煮至略微黏稠，关火，即成奶油汁。

6. 平底锅放黄油，放入芦笋，用海盐、黑胡椒调味，出锅前放入黑松露、

圣女果稍稍煎一下，装盘浇上奶油汁即可。

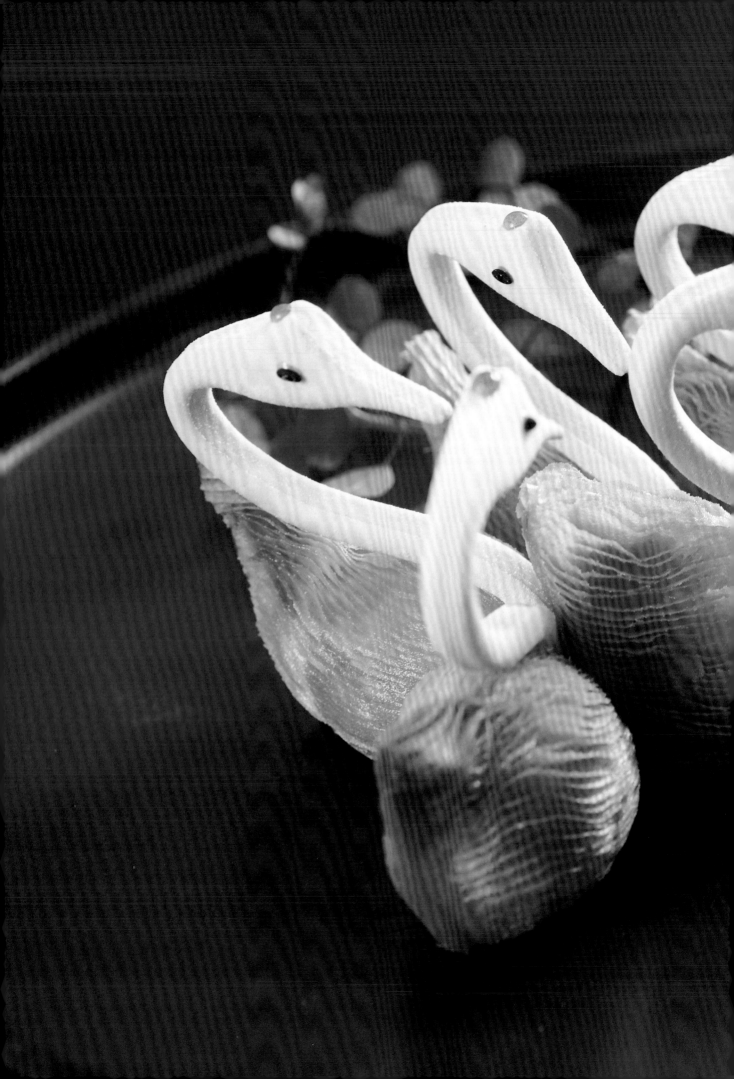

第三章

面点

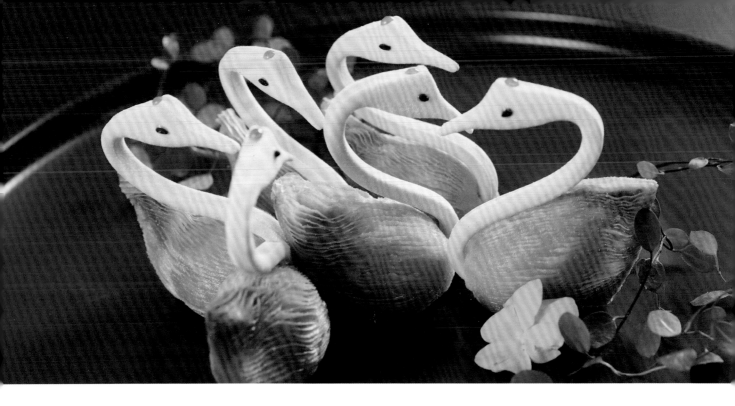

天鹅榴莲酥

主料　榴莲

辅料　富强粉 200 克，美玫粉 200 克，黄油 300 克，糖 200 克，起酥油 26 克，
鸡蛋清 3 个，吉士粉 100 克，鹰粟粉 50 克

做法

1. 面粉放入和面机加黄油、糖，加入适量清水，低速打至可用手撑出
   不易破的薄膜，取出入冰箱冷藏半小时。

2. 开酥 3×3×2，擀开至能切出 5 条 7 厘米宽的酥皮，切分，酥皮上
   刷蛋清，逐层叠好，冰箱冷冻隔夜，取出斜刀切片。

3. 榴莲加入吉士粉、鹰粟粉、糖搅匀，蒸熟，晾凉再搅匀，备用。

4. 斜刀切好的酥皮擀开，刷蛋清，包榴莲馅，塑形，入冰箱冷冻，150
   度炸至金黄，摆盘。

素福金香饼

主料 北豆腐 30 克，面团 150 克

辅料 香椿苗 15 克

调料 金针菇酱 10 克，素肉碎 8 克，盐 3 克，蘑菇精 8 克，胡椒粉 3 克，菌

菇汁 3 克

做法

1.北豆腐控水，入油锅炸至金黄，焯水，挤干水分。

2.将饧发好的面团擀成面皮。

3.豆腐调味，加入香椿苗，拌匀。

4.将调好的豆腐平铺在面皮上，卷起，入饼铛烙至金黄，出锅切块即可。

川府豌黄面

主料 豌豆黄 200 克

辅料 菠菜面 30 克

调料 辣鲜露 3 克，美极 3 克，十三香 2 克，蘑菇精 5 克，菌菇汁 3 克，白糖 2 克，
花椒油 5 克，红油豆瓣酱 5 克，酥豆瓣 3 克

做法

1. 将去皮豌豆黄洗净，加水蒸制软烂。

2. 将红油豆瓣酱剁碎。

3. 锅中加油，下入豆瓣酱小火炒香，再下入蒸好的豌豆黄，略炒，加水，
   烧开放入除红油豆瓣酱和酥豆瓣之外的所有调料。

4. 走菜时，将炒好的豌豆黄加少许水稀释，出锅时再放入少许花椒油、
   辣鲜露即可。

5. 将调好的豌豆黄放入盘中，放入煮好的菠菜面条，淋少许辣椒油，
   撒适量酥豆瓣即可。

御膳冷点拼

主料 干芸豆 500 克，红豆沙 200 克，豌豆黄 500 克

辅料 山楂糕 200 克，糖 150 克，熟芝麻 50 克

做法

1. 干芸豆泡发去皮，洗净加水至没过芸豆，蒸 20 分钟，沥水，再蒸一个小时，趁热过筛。

2. 1/3 红豆沙加水化开，熬至挂勺，倒入模具，冷却定型后入冰箱冷藏即成小豆冻糕。

3. 芸豆沙揉至有黏性，用刀背将 1/3 红豆沙抹成长方形的薄片，沿一个边沿处挤上红豆沙，向中间卷起，对面一边放糖芝麻，同样向中间卷起，最后卷成圆柱形，再修边切段即成芸豆卷。

4. 芸豆沙揉至有黏性，用刀背将豆沙抹成长方形的薄片，切成四个同样的长方条，山楂糕切成同样的宽度，放在两片芸豆沙中间，上面挤上剩余的 1/3 红豆沙，然后叠起来，轻轻拍平，修边，切成小正方形即成拍糕。

5. 豌豆黄直接用模具扣型。

6. 将上述小豆冻糕、芸豆卷、豌豆黄、拍糕、摆盘即可。

春卷

主料　春卷皮 5 张

辅料　金针菇 35 克，香菇 20 克，木耳 20 克，杏鲍菇 120 克，青笋 100 克

调料　大料 1 个，蘑菇精 10 克，盐 4 克，胡椒粉 3 克，香油 5 克，菌菇汁 5 克，

鸡蛋黄 3 个

做法

1. 将杏鲍菇切丝；香菇切丝；分别入油锅炸至金黄，备用。

2. 青笋切丝；金针菇去根；木耳提前泡发，切丝；然后放一起焯水，备用。

3. 锅中加油，下入大料炝香，下入所有食材，调味，炒香，盛出放凉。

4. 将炒好的食材平铺在春卷皮上，卷起，用鸡蛋封口。

5. 锅中加入色拉油，油温 5 成热，下入卷好的春卷，炸至金黄，捞出改刀，

装盘。

面果——和田大枣

主料　中筋面粉 250 克，枣泥馅 120 克

辅料　酵母 3 克，泡打粉 3 克，白糖 10 克，红曲粉 5 克，黑芝麻少许

做法

1. 枣泥馅揉滋润后搓成长条，用刮板切成 10 克一个的小剂子，用双手揉成小圆球备用。

2. 将面粉、红曲粉、泡打粉放入不锈钢盆中混合均匀，将水、酵母、白糖搅拌至酵母和白糖融化，倒入面粉中用手搅拌成团，用压面机压至面团光滑，下面剂每个 15 克。

3. 将面剂按成中间稍厚四周稍薄的面皮，将馅放入中间，用右手虎口部位慢慢向上收拢、捏紧，用手整理成椭圆形状，用牙签在顶端扎上一颗黑芝麻做蒂，放入锡纸做的模具中，逐个做好后入饧发箱饧制 30 分钟左右至 1.5 倍大时即可蒸制。

4. 取一小块下脚料用双手搓成细条，放入蒸屉蒸制成熟，剪成小段备用，将蒸好的枣用锡纸压出大枣上面的纹路，插上一小段细条做枣把。

5. 做好的大枣按照造型需要码放至盘中即可。

炸龙须面

主料 高筋面粉 500 克

辅料 盐 20 克，食用油 2500 克

做法

1. 将面粉加 10 克盐和清水和成面团，用湿布盖面，饧 30 分钟待用。

2. 将饧好的面放在案板上反复揉制片刻，两手各执面的一端提离案板，用双臂的力量使粗条上下抖动，在上下抖动的过程中，趁面条中段由上刚刚向下运动之势，一手前，一手后，两手迅速交叉，使面条自然地拧成麻花状。

3. 反复此动作，并不时蘸加入盐的水，直至溜到面条粗细均匀为止。

4. 案子上撒上干面，将溜均匀的面条放在案板上，用两手反复抻制，每次抻制都要撒上干粉，以免在抻时粘连。抻到面条如头发丝般粗细时，放在案板上用刀切成段，挑起抖去干粉，放在盘上即成生的龙须面。

5. 油锅内倒入食用油烧热，把生的龙须面挑起放入一个小漏勺，放在油锅内，用筷子来回拨匀，炸至成熟，控净油。

6. 将炸好的龙须面饼装盘即可。

面果——青苹果

主料 中筋面粉 250 克，奶黄馅 120 克

辅料 酵母 5 克，泡打粉 5 克，白糖 10 克，水 80 克，叶绿素 30 克

做法

1. 奶黄馅揉滋润后搓成长条，用刮板切成 10 克一个的小剂子，搓成小圆球备用。

2. 将面粉、泡打粉放入不锈钢盆中混合均匀，将水、酵母、白糖、叶绿素搅拌至酵母和白糖融化，倒入面粉中用手搅拌成团，用压面机压至面团光滑，下面剂每个 30 克备用。

3. 将面剂按成中间厚四周稍薄的面皮，包入馅心整理成苹果形状，插入竹签固定好，逐个做好后入饧发箱饧制 30 分钟左右至 1.5 倍大时即蒸制成熟，取一小块下脚料做成苹果把，蒸制三分钟左右。

4. 将蒸熟苹果把插入做好的苹果底部位置。

5. 做好的青苹果按照造型需要码放至盘中即可。

张氏族谱

张文海,（1929—2019），男，出生于北京市顺义区后沙峪镇田各庄村。中共党员，国宝级烹饪大师，鲁菜泰斗，国家级烹饪高级技师，中国烹饪大师。

1943 年　　　在天津致美斋饭庄学徒

1945 年　　　在天津登瀛楼学徒

1946 年　　　在上海丰泽楼掌灶

1956 年　　　分配至北京西郊宾馆担任主厨

1961 年　　　北京东方饭店担任总主厨

1982 年　　　参与筹建北京市人民政府宽沟招待所

　　提及张文海，烹饪界可谓是无人不知，无人不晓，这不仅仅是因为张文海有着国家领导人都赞叹不已的过人厨艺，更重要的是他拥有独特的人格魅力。他为人低调谦卑，处世仁德大度，是一位德艺双馨的国宝级大师。最令人羡慕的还是他的传人、弟子无数，并且大多追随他的德艺，在整个烹饪行业内备受好评。

　　他精通鲁菜的烹制，博采众长，汲取南北菜系优秀特点，自成风格，代表菜品有葱扒大乌参、油爆双脆、象眼鸽蛋等。

　　张文海为鲁菜的发展做出了重大贡献，为弘扬中华烹饪技术和饮食文化做出了巨大贡献，为中华烹饪后继有人培养了大批高技能人才。

张宝庭（张文海之子），中共党员，大专学历，烹调高级技师、国家级评委、国家级裁判员、中国药膳研究会理事、中国药膳大师、中国烹饪大师，曾多次在中国药膳大赛等知名赛事中担任监理长、裁判员等职务，现任中共中央宣传部膳食科副科长。张宝庭出身烹饪世家，父亲张文海是国宝级烹饪大师，曾得到当今鲁菜泰斗王义均先生的指教，在面点技艺方面得到了国宝级大师郭文彬先生的指点。入行至今一直为北京市领导以及中央领导提供膳食服务，并多次受到表扬和嘉奖。

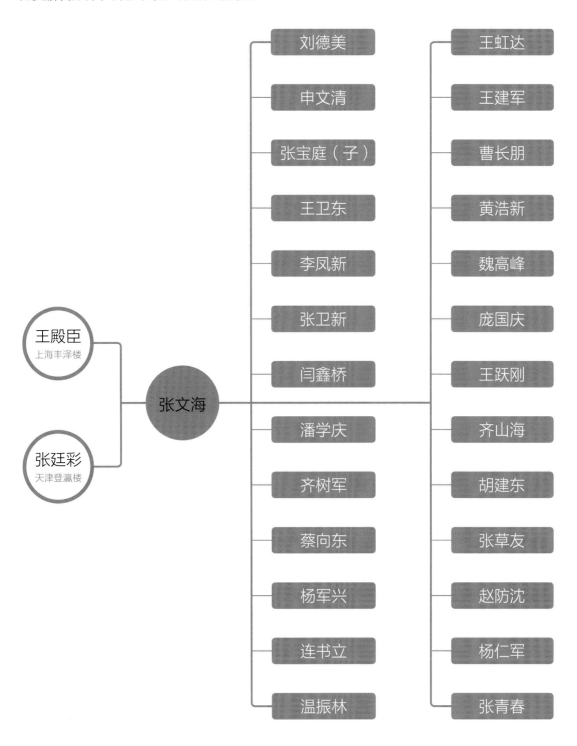

师训

现钱做人
良心处事
尊师重道
膳海求真
有容乃大
弘扬国粹

张氏传人
萧圡

张氏家门徒弟　曹长朋

品种系列：

蟹田大米
稻花香2号大米
秋田小町大米
吉宏号6小粒香大米
长粒香大米
特供大米
有机、富硒系列等

始创于2002年

专注有机富硒大米20年
批发、零售、企业福利、团购
OEM贴牌、私人定制等

永吉县瑞福水稻种植农民专业合作社成立于2011年11月21日，位于吉林市永吉县万昌镇孤家子村，占地面积5000余平方米，拥有大米库房3000平方米，农机具储备库500平方米，创建了1000亩富硒水稻基地，是集水稻种植、销售于一体的农民专业合作社。

钓鱼台宾馆和首都宾馆特供大米

SGS 509项检测农药残留未检出

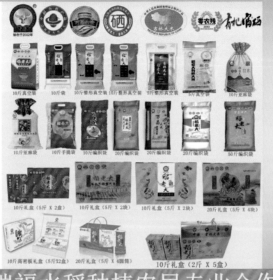

荣获第三届国际米食味大赛全国赛区金奖

永吉县瑞福水稻种植农民专业合作社

地址：吉林市永吉县万昌镇　电话：18943260707　网址：www.jldld.cn

品有杨老

　　山西老杨有品农业发展有限公司扎根于"晋是好运"的大运之城，在华夏文明的发祥重镇山西夏县、万荣两地拥有自属的种植基地和酿造车间。天然、安心、放心是我们追求的目标。公司拥有籍田供、籍田奉两个独立品牌。以山西小米醋为主导产品，同时兼顾推进当地本土农副产品的开发和推广。目前开发的农产品有小米、花椒、陈醋、小米醋和蜜醋等。我们将持续关注餐桌上每一口食材的健康，用绿色食品带去山西的人文情怀，为推广黄河边的乡土特产贡献力量。

公司名称：山西老杨有品农业发展有限公司
联系电话：18518667198（微信同步）
联系地址：北京市东城区南竹杆胡同1号朝阳门SOHO1210

公司介绍 COMPANY INTRODUCTION

湖北锦秀智慧农业股份有限公司是湖北省首家集黑山羊科研、育种、养殖、屠宰精加工及鲜羊肉分割产品销售为一体的全产业链智慧化生产与全程质量溯源的企业，集团公司是农业产业化、林业产业化的省级"双龙头"企业。

拥有年屠宰加工30万只肉羊的生产线，采用国内先进的低温冷链和排酸工艺，实行无菌低温加工与冷链储藏配送，确保羊肉全程保鲜保质。

生态山间牧场
养殖规模 到达50万只

产品系列体系
畅销全国多家商超

产业核心技术
自有产品研发中心

冷链锁鲜仓储
冷链仓储仓位达5000吨

产品加工基地
综合产能达30,000吨

餐饮端渠道
中建三局、中国邮政、中国石化等

肉质口感

肉质更紧实，肌纤维细，硬度小，膻味极小，营养价值高，更有弹性，更有嚼劲。

营养价值

它历来就是"肉食珍品"，低脂肪、低胆固醇、高蛋白质，还能暖肾御寒，非常适合冬日滋补。

采食习惯

喜食灌木嫩枝叶，包括植物的叶、茎和嫩枝，采食高度在20厘米以上，山羊比绵羊采食量多，且当地天然生长的上千种药材也是黑山羊的当家口粮，使其肉质更鲜实鲜美。

羊肉块
净含量:400克/袋装
储 存:-18℃冷冻储存
保质期:18个月
烹饪推荐:纯、焖

羊蝎子
净含量:500克/袋装
储 存:-18℃冷冻储存
保质期:18个月
烹饪推荐:纯

法式小切
净含量:400克/袋装
储 存:约10℃冷冻储存
保质期:18个月
烹饪推荐:煎

法式羊腿
净含量:500克/腿装
储 存:-18℃冷冻储存
保质期:18个月
烹饪推荐:烤

孜然羊肉串
净含量:500克/盒装
储 存:-5.4℃冷鲜储存
保质期:5天
烹饪推荐:烤

摩洛哥法式羊排
净含量:600克/盒装
储 存:-0.4℃冷鲜储存
保质期:5天
烹饪推荐:煎、烤、空气炸锅

红色礼盒
净含量:2500g
(羊脊500g*2、羊腿500g*3)
储 存:-18℃冷冻保存
保质期:12个月

橙色礼盒
净含量:1750g
(羊脊350g*2、羊腿350g*2、羊排350g*1)
储 存:-18℃冷冻保存
保质期:12个月

"来自大别山的馈赠"

大别山黑山羊生长于海拔1500米的大别山区，这里是医圣万密斋、药圣李时珍故里，这里拥有多达数千种药用植物，黑山羊在这里自由采食，产出的羊肉更鲜美醇厚，更富有独特的营养价值。

药圣李时珍的《本草纲目》中就有记载："羊肉能暖中补虚、补中益气、治虚劳寒冷"。

医圣万密斋也是来自大别山地区，是我国明代与字时珍齐名的中医学家，精通内、妇、儿科及养生学，所主做的"养生四要"至今无人超越。

依托医圣与药圣的传承，在国家名厨烹饪大师张宝庭、国家名厨药膳大师胡贺峰的共同支持下，锦秀羊大别山黑山羊的产品研发结合了《药食同源》与《养生四要》的精髓，为广大消费者提供品质最优、营养更丰富的羊肉产品。

科左后旗国恩养殖专业合作社

公司介绍

科左后旗国恩养殖专业合作社是一家集牲畜养殖，农业种植为一体的合作社，合作社主要养殖品种为杜波尔羊和西门塔尔牛，通过公司+合作社+农户的养殖模式，统一改良品种，统一养殖技术，统一防疫，统一回收，统一出售。合作社更是以发展一个企业，带动一方经济，致富万千百姓为理念，助力特色农牧业发展为己任，将不断扩大产业模式，提高品牌知名度，助力当地经济发展，为乡村振兴贡献出自己的一份力量。

地理环境优势

世界上最好的牧场几乎都集中于北纬40°~50°，在此区间的温带草原牧场气候湿润，空气多雾，水分充足，可使牧草丰美多汁，纯净充足的水源养育出丰美的牧草，让以牧草为生的牛羊动物们能够餐餐大快朵颐。以此培育出最肥美健康的牛羊。

这里可供牛羊所需的粗蛋白、粗脂肪钙、磷等多种营养素，同时，内蒙古大草原的气温年际变化显著，大部分地区气温日较差年为13~16℃，这非常有利于草原植物糖分的储存与物质的凝结；这里昼夜温差大，海拔高以及高寒的气候，最大程度上减少了牲畜的传染病流行。

通辽市地处世界三大"黄金玉米带"之一，素有"内蒙古粮仓"和"黄牛之乡"的美誉，丰富的农业资源为产业发展提供了得天独厚的条件，饲料保障体系充足完备。

让全世界吃到特色药膳草原牛羊肉

特点： 全程专业屠宰 24~48小时排酸 精细加工 全程冷链 安全健康 中草药科学喂养

牛肉产品： 牛腩，牛肉馅，牛肉筋，牛腱子，牛后腿肉，牛肉块，牛上脑，牛眼肉等

羊肉产品： 羊颈排 羊蝎子 羊排 羊前腿 羊后腿 羊肉块等

地址：内蒙古通辽市科尔沁左翼后旗巴嘎塔拉苏木伊和布拉格嘎查

电话：15204849888